NHK for School

微观世界
放大看

全5册

3 动物的宝宝

日本NHK《微观世界》制作班 编著

[日] 长谷川义史 绘

王宇佳 译

中国出版集团 现代出版社

目 录

本书的使用方法 … 4

本书中的登场人物 … 6

这是谁的"宝宝"？

第7页

青鳉鱼是什么样的鱼？ … 9

不可思议大调查！ … 10

大家可以进一步研究青鳉鱼哦！ … 12

秋赤蜻是什么样的昆虫？ … 15

不可思议大调查！ … 16

大家可以进一步研究秋赤蜻哦！ … 18

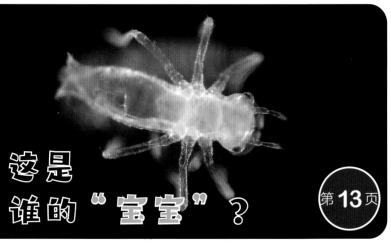

这是谁的"宝宝"？

第13页

第19页

这是谁的"宝宝"？

海胆是什么样的生物？ … 21

不可思议大调查！ … 22

大家可以进一步研究海胆哦！ … 24

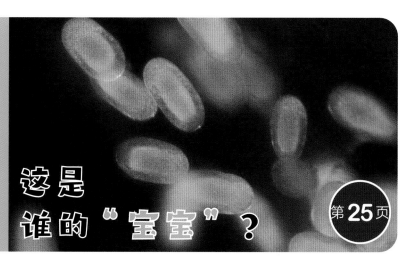

水母是什么样的
生物？ … 27

不可思议大调查！ … 28

大家可以进一步研究
水母哦！ … 30

这是
谁的 "宝宝"？

第**25**页

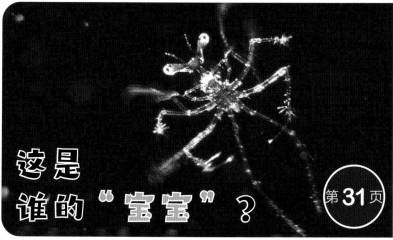

这是
谁的 "宝宝"？

第**31**页

龙虾是什么样的
生物？ … 33

不可思议大调查！ … 34

大家可以进一步研究
龙虾哦！ … 36

摇蚊是什么样的
昆虫？ … 39

不可思议大调查！ … 40

大家可以进一步研究
摇蚊哦！ … 42

这是
谁的 "宝宝"？

第**37**页

自主学习的方法 … 43

海洋里的微观世界 … 44

发现笔记的写法 … 46

本书的使用方法

微观世界是指我们用肉眼看不见的微小世界。
本书将带领大家从微观角度观察生物的身体结构和行为，解读生物身体的奥秘。

第1步　一边看照片，一边思考

这是什么生物的照片？开动脑筋想一想吧。

第2步　仔细观察生物的身体结构

仔细观察照片中生物的身体结构。在微观世界里，我们能发现哪些有趣的东西呢？

这里会公布答案！

一起看看动物宝宝出生前的样子吧。

这里是生物的基本资料。

这里将提一个最受关注的问题！下一页的"不可思议大调查！"会跟大家一起讨论这个问题。

第3步 观察动物宝宝的成长过程，探究其中的不可思议之处

观察动物宝宝出生前后的变化，看看它们是如何长大的。

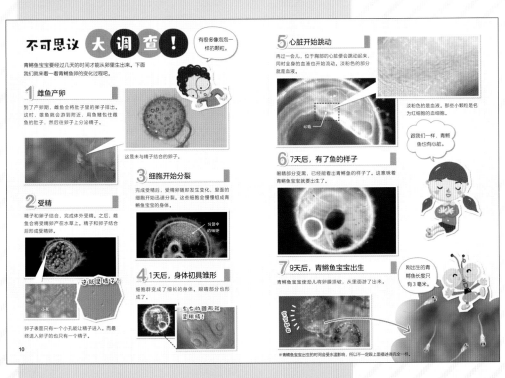

不可思议 大 调 查 ！

青鳉鱼宝宝要经过几天的时间才能从卵里生出来。下面我们就来看一看青鳉鱼卵的变化过程吧。

有很多像泡泡一样的颗粒。

1 雌鱼产卵
到了产卵期，雌鱼会将肚子里的卵子排出。这时，雄鱼就会游到附近，用鳍包住雌鱼的肚子，然后往卵子上分泌精子。

这是未与精子结合的卵子。

2 受精
精子和卵子结合，完成体外受精。之后，鱼会将受精卵产在水草上。精子和卵子结合后形成受精卵。

这就是精子！

小水

卵子表面只有一个小孔能让精子进入。而最终进入卵子的也只有一个精子。

3 细胞开始分裂
完成受精后，受精卵随即发生变化，里面的细胞开始迅速分裂。这些细胞会慢慢组成青鳉鱼宝宝的身体。

分裂中的细胞

4 1天后，身体初具雏形
细胞群变成了细长的身体，眼睛部分也形成了。

左右的圆形就是眼睛！

5 心脏开始跳动
再过一会儿，位于胸部的心脏便会跳动起来，同时全身的血液也开始流动。淡粉色的部分就是血液。

心脏

淡粉色的是血液。那些小颗粒是名为红细胞的血细胞。

跟我们一样，青鳉鱼也有心脏。

6 7天后，有了鱼的样子
眼睛部分变黑，已经能看出青鳉鱼的样子了。这意味着青鳉鱼宝宝就要出生了。

7 9天后，青鳉鱼宝宝出生
青鳉鱼宝宝使劲儿将卵膜顶破，从里面游了出来。

刚出生的青鳉鱼长度只有3毫米。

※青鳉鱼宝宝出生的时间会受水温影响，所以不一定跟上面描述得完全一样。

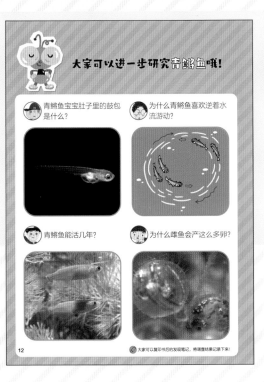

大家可以进一步研究青鳉鱼哦！

○ 青鳉鱼宝宝肚子里的鼓包是什么？

○ 为什么青鳉鱼喜欢逆着水流游动？

○ 青鳉鱼能活几年？

○ 为什么雌鱼会产这么多卵？

● 大家可以复印书后的发现笔记，将调查结果记录下来！

第4步 进一步独立研究这种生物吧

让我们进一步调查前面介绍过的这种生物吧。这里会提出4个有趣的问题，需要小读者独立寻找答案。大家可以复印书后的发现笔记，将调查的过程和结果记录在上面！

下面就开始我们的微观世界之旅吧！

本书中的登场人物

大眼睛

微观世界的向导。它有一双标志性的大眼睛,可以放大任何东西。它不仅博学,还擅长教导小朋友。

小飞

小学四年级的学生。喜欢学习理科。他非常喜欢动物,在学校里担任生物课代表。他生性勇敢,好奇心也很强。性格直率,有一说一。

小浩

小学四年级的学生。喜欢上体育课。他的家接近大自然,他平时喜欢到处捉虫、捕鱼。他性格率真,非常耿直。

祐树

小学四年级的学生。喜欢学习数学,其他学科也学得很好。比起外出玩耍,更喜欢在家里玩电脑。他的梦想是长大成为一名科学家。

小舞

小学四年级的学生。喜欢上音乐课和美术课。最喜欢耀眼发光的东西。性格稳重大方。有点害怕虫子。

这是谁的"宝宝"？

是眼睛很大的鱼吗?

它的身体是透明的!

答案是 **青鳉鱼**

日本青鳉

透过卵能看到青鳉鱼宝宝的身体和眼睛！

放大

这就是青鳉鱼的卵

青鳉鱼会将卵产在水草上，卵的直径约为1.5毫米。据说，青鳉鱼到了产卵期，每天都会产10~15粒卵。

青鳉鱼宝宝马上就要出生啦！

青鳉鱼是什么样的鱼？

看一看它的身体吧

下面我们将要观察青鳉鱼的身体结构。
雌鱼和雄鱼究竟有什么区别呢？

雄鱼

眼睛
眼睛大，位于头部上方。

背鳍
雄鱼的背鳍根部有刻痕。

臀鳍
雄鱼的臀鳍比较大，呈平行四边形。

嘴
嘴朝上，主要吃漂浮在水面上的食物。

雌鱼

背鳍
雌鱼的背鳍根部没有刻痕。

雄鱼跟雌鱼的外形有很大的区别呀！

肚子
雌鱼的肚子又大又圆。

臀鳍
比雄鱼的小一些，越往后部越窄。

尾鳍
游泳时尾鳍会左右摆动。

日本青鳉的主要品种

这两种野生青鳉鱼是日本青鳉的祖先。

南青鳉鱼

北青鳉鱼

卵里的鱼宝宝长什么样？

9

不可思议 大调查!

青鳉鱼宝宝要经过几天的时间才能从卵里生出来。下面我们就来看一看青鳉鱼卵的变化过程吧。

1 雌鱼产卵

到了产卵期，雌鱼会将肚子里的卵子排出。这时，雄鱼就会游到附近，用鱼鳍包住雌鱼的肚子，然后往卵子上分泌精子。

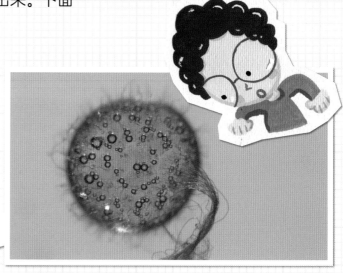

有很多像泡泡一样的颗粒。

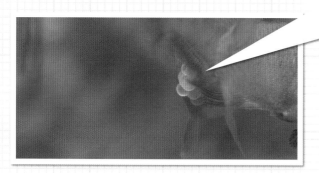

这是未与精子结合的卵子。

2 受精

精子和卵子结合，完成体外受精。之后，雌鱼会将受精卵产在水草上。精子和卵子结合后形成受精卵。

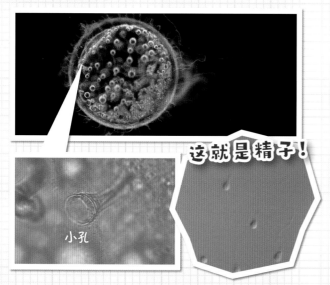

这就是精子！

小孔

卵子表面只有一个小孔能让精子进入。而最终进入卵子的也只有一个精子。

3 细胞开始分裂

完成受精后，受精卵随即发生变化，里面的细胞开始迅速分裂。这些细胞会慢慢组成青鳉鱼宝宝的身体。

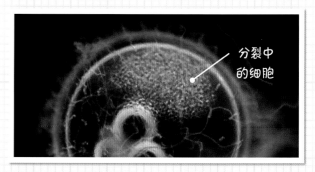

分裂中的细胞

4 1天后，身体初具雏形

细胞群变成了细长的身体。眼睛部分也形成了。

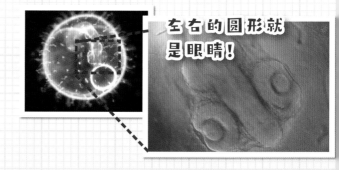

左右的圆形就是眼睛！

5 心脏开始跳动

再过一会儿，位于胸部的心脏便会跳动起来，同时全身的血液也开始流动。淡粉色的部分就是血液。

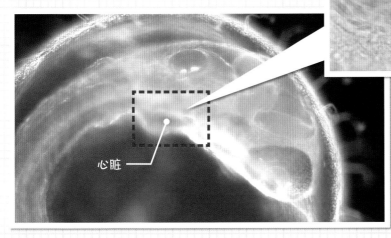

心脏

淡粉色的是血液。那些小颗粒是名为红细胞的血细胞。

跟我们一样，青鳉鱼也有心脏。

6 7天后，有了鱼的样子

眼睛部分变黑，已经能看出青鳉鱼的样子了。这意味着青鳉鱼宝宝就要出生了。

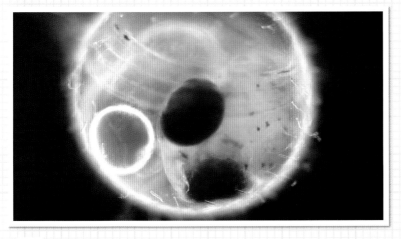

7 9天后，青鳉鱼宝宝出生

青鳉鱼宝宝使劲儿将卵膜顶破，从里面游了出来。

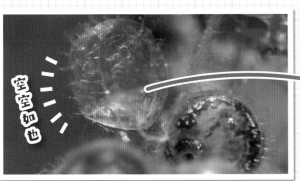

空空如也

刚出生的青鳉鱼长度只有3毫米。

※青鳉鱼宝宝出生的时间会受水温影响，所以不一定跟上面描述得完全一样。

大家可以进一步研究青鳉鱼哦！

 青鳉鱼宝宝肚子里的鼓包是什么？

 为什么青鳉鱼喜欢逆着水流游动？

 青鳉鱼能活几年？

 为什么雌鱼会产这么多卵？

✏️ 大家可以复印书后的发现笔记，将调查结果记录下来！

这是谁的 "宝宝"？

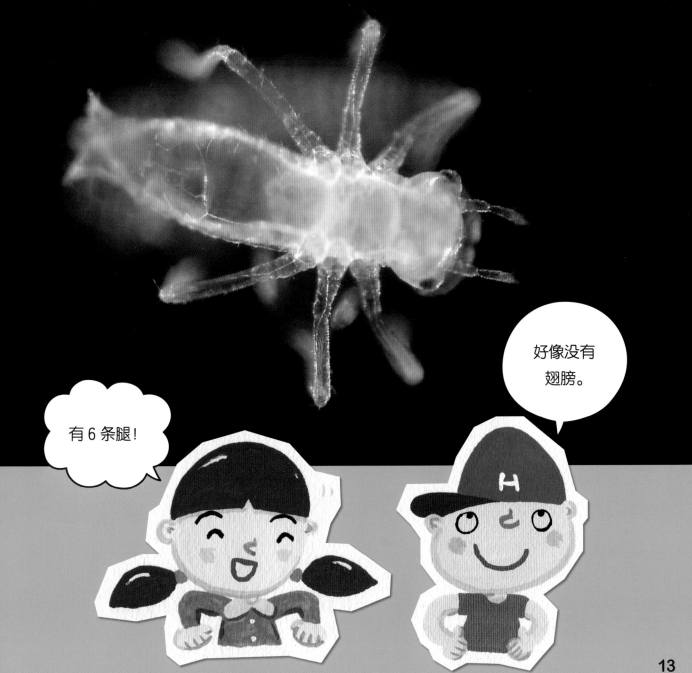

好像没有翅膀。

有6条腿！

13

答案是 **秋赤蜻**

黑色的点是眼睛吗?

这就是秋赤蜻的卵

放大

到了秋天,秋赤蜻会在水田附近的水坑或泥地里产下黄色的卵。1只雌性秋赤蜻总共能产2000粒卵!

大小只有 0.5毫米!

秋赤蜻是什么样的昆虫？

看一看它的身体吧

秋赤蜻跟我们熟悉的"红蜻蜓"是近亲，它的身体究竟有哪些特殊结构呢？

某些品种的雌性秋赤蜻身体也会变红哦！

腹部

细长的腹部分10节。雌性秋赤蜻和雄性秋赤蜻腹部尖端的形状有所不同。

体色

入秋后，雄性秋赤蜻的身体会变红。

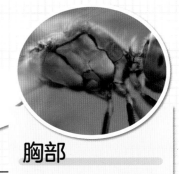

翅膀

秋赤蜻的翅膀既轻盈又有韧性。上面布满了网状翅脉，就像支撑翅膀的骨架。

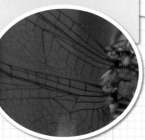

胸部

秋赤蜻能一直扇动翅膀，就是因为它有发达的胸肌。

眼睛

秋赤蜻长着大大的眼睛，即使在飞行过程中也能看见附近的小昆虫。它的左右眼是连在一起的，所以视野范围非常广。

秋赤蜻长大后的样子跟小时候完全不同！

★ 小资料

秋赤蜻

大小：3~4厘米

食物：活着的昆虫

观察时期：成虫为3~11月

初夏时节，秋赤蜻会在平原或水边长大，然后在高原度过整个夏天，入秋后再回到平原。

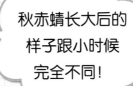

秋赤蜻宝宝是怎样长大的？

不可思议 大调查！

蜻蜓目昆虫的幼虫被称为水虿。水虿在泥里出生，它会经历怎样的成长过程呢？

刚出生的水虿大小只有1毫米。

1 破卵而出

到了 3 月，水虿会在身体完全成形后，顶破卵膜钻出来。然后拼命晃动身体，将身上裹着的薄皮蜕下。

顶破卵膜后，顺势蜕下裹在身上的薄皮！

哇！瞬间就吃光了！

2 一边吃水蚤一边长大

水虿在水田这类地方出生，之后的 3 个月都在水里度过。它会吃很多水蚤，然后慢慢长大。

初夏时，水蚤会泛滥成灾！

伸出能折叠的下颚，瞬间捕获猎物！

3 钻出水面

长大的水虿会选择一个安静的夜晚悄悄地钻出水面，爬到草木、大树或岩石上。之后又会发生什么呢？

它为什么一直不动呢？

4 背部裂开，成虫出来了

过了一会儿，水虿的背部突然裂开了，成虫慢慢地从裂开处脱出。这个过程被称为羽化。

翅膀出来后，头部的朝向就变了！

5 晾干身体

成虫刚出来时，身体又湿又软，它会一动不动地等待 2~4 小时，直到身体变干，然后飞走。

仅用了几个小时就完成了一次华丽的变身！

大家可以进一步研究秋赤蜻哦!

 秋赤蜻为什么喜欢停在尖尖的物体上?

 怎样区分雌性秋赤蜻和雄性秋赤蜻?

 秋赤蜻飞行的速度有多快?

 听说秋赤蜻虽然视野广但视力并不好,这是真的吗?

大家可以复印书后的发现笔记,将调查结果记录下来!

这是谁的 "宝宝" ？

是长着 8 条腿的生物吗？

这是什么呀？像 UFO 一样！

19

答案是 **海胆**

短刺海胆

卵的直径只有0.8毫米!

放大

这就是海胆的卵

7~8月是海胆的产卵期，这时雌海胆会排出大量的卵子。这些卵子会随着水流漂荡，等待与雄海胆排出的精子结合，完成受精。

从刺的缝隙里漂出来的小颗粒就是卵子吗？

海胆是什么样的生物?

看一看它的身体吧

海胆浑身布满刺,它的身体究竟有哪些特殊结构呢?

刺

短刺海胆表面布满了红褐色的刺。这些刺的长度都不足1厘米。

从上面看海胆是这个样子的。海胆纲的生物都有5瓣。

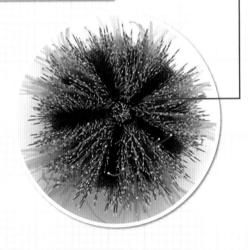

什么?!
肛门竟然在
上面!

⭐ 小资料

短刺海胆

大小:直径3~4厘米

食物:海藻

观察时期:全年

海胆白天一般躲在浅海的岩石下。海胆分布广泛,从浅水区到几千米的深水区均有分布。

【 海胆的身体 】

管足
前端像吸盘一样的细管。具有呼吸、运动和感知气味等作用。

肛门
位于身体上方的正中央。

生殖板
位于身体上方,靠近中央的地方。

刺 有些海胆的刺是有毒的。

肠

嘴
嘴里有5颗牙齿。

外壳

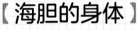

海胆身上的刺是什么时候长出来的?

不可思议 大 调 查 ！

海胆如何从一颗小小的卵长成浑身带刺的样子？

1 受精

在水中漂荡的卵子一旦与精子相遇就会完成受精。

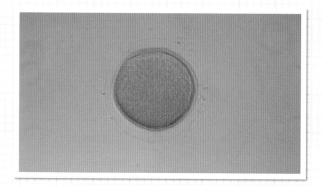

2 细胞分裂

卵细胞受精后马上开始分裂，从 2 个变成 4 个，4 个变成 8 个，8 个变成 16 个……一直分裂到 64 个。

  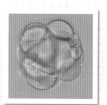

2 个 **4 个** **8 个**

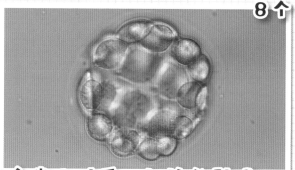

3 个半小时后，细胞分裂成 64 个了！

长腕幼虫是吃浮游生物长大的。

3 长出嘴等器官

开始自行转动，同时身体向内凹陷。

凹陷

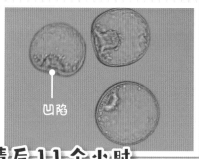

受精后 11 个小时

4 身体变成三角形

过了一会儿，圆圆的身体变成了三角形。体内的组织开始生长。

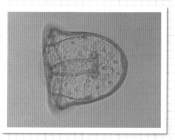

5 从细胞变成幼体

海胆宝宝（幼体）被称为长腕幼虫。它的大小约为 0.8 毫米。像角一样的部分被称为"腕"，长腕幼虫可以利用它们随着水流漂动。

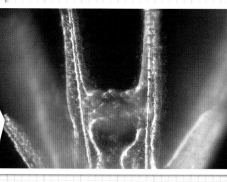

长腕幼虫依靠身体表面的纤毛游动。

6 长出小刺

腕慢慢变长，身体的中心开始长一些小刺。

受精后第25天

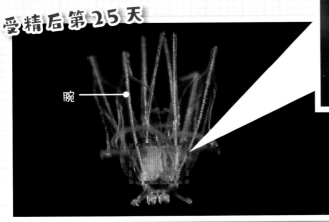

腕

刺

真的呀！身体里有很多小刺！

7 刺长到身体外面

刺越长越多，最后会刺破身体长到外面。此时，海胆会以刺朝下的姿态潜到海底。

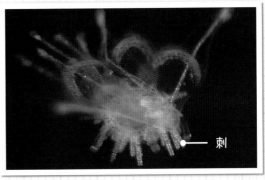

刺

8 腕开始萎缩

潜到海底几分钟后，海胆的腕就开始萎缩了，因为它已经不需要用腕游泳了。这时的海胆大约只有 1 毫米，它会在海底慢慢长大。

潜到海底后只用了15分钟，海胆就完成了变态！

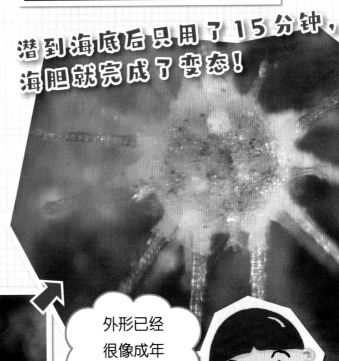

腕

腕

外形已经很像成年海胆了！

大家可以进一步研究海胆哦!

 海胆如何移动?

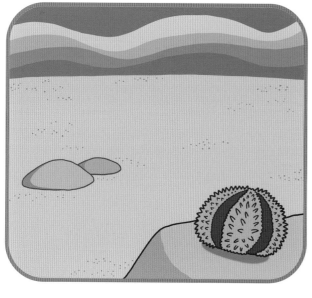

 海胆吃什么呢?

 海胆的身上为什么长满了刺?

马粪海胆　梅氏长海胆

柔海胆　白棘三列海胆

海胆和海星真的是近亲吗?

大家可以复印书后的发现笔记,将调查结果记录下来!

这是谁的"宝宝"？

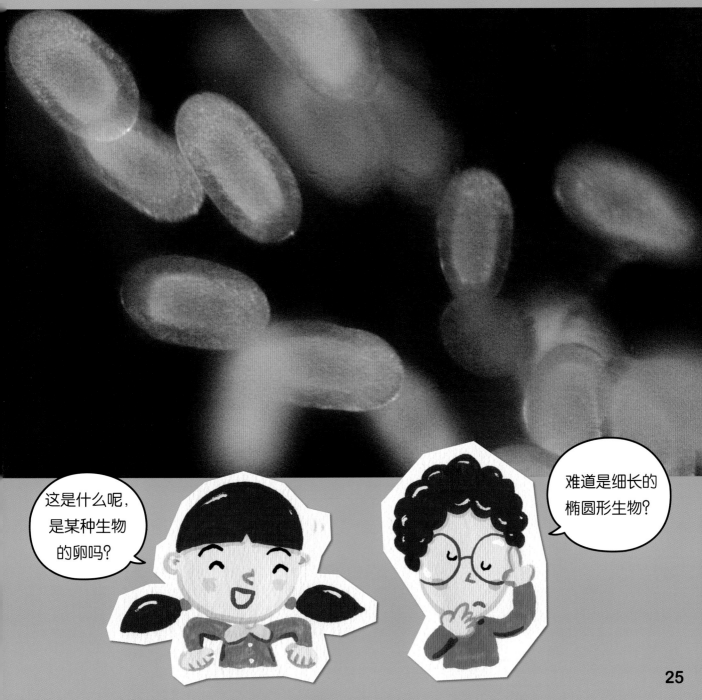

答案是**水母**

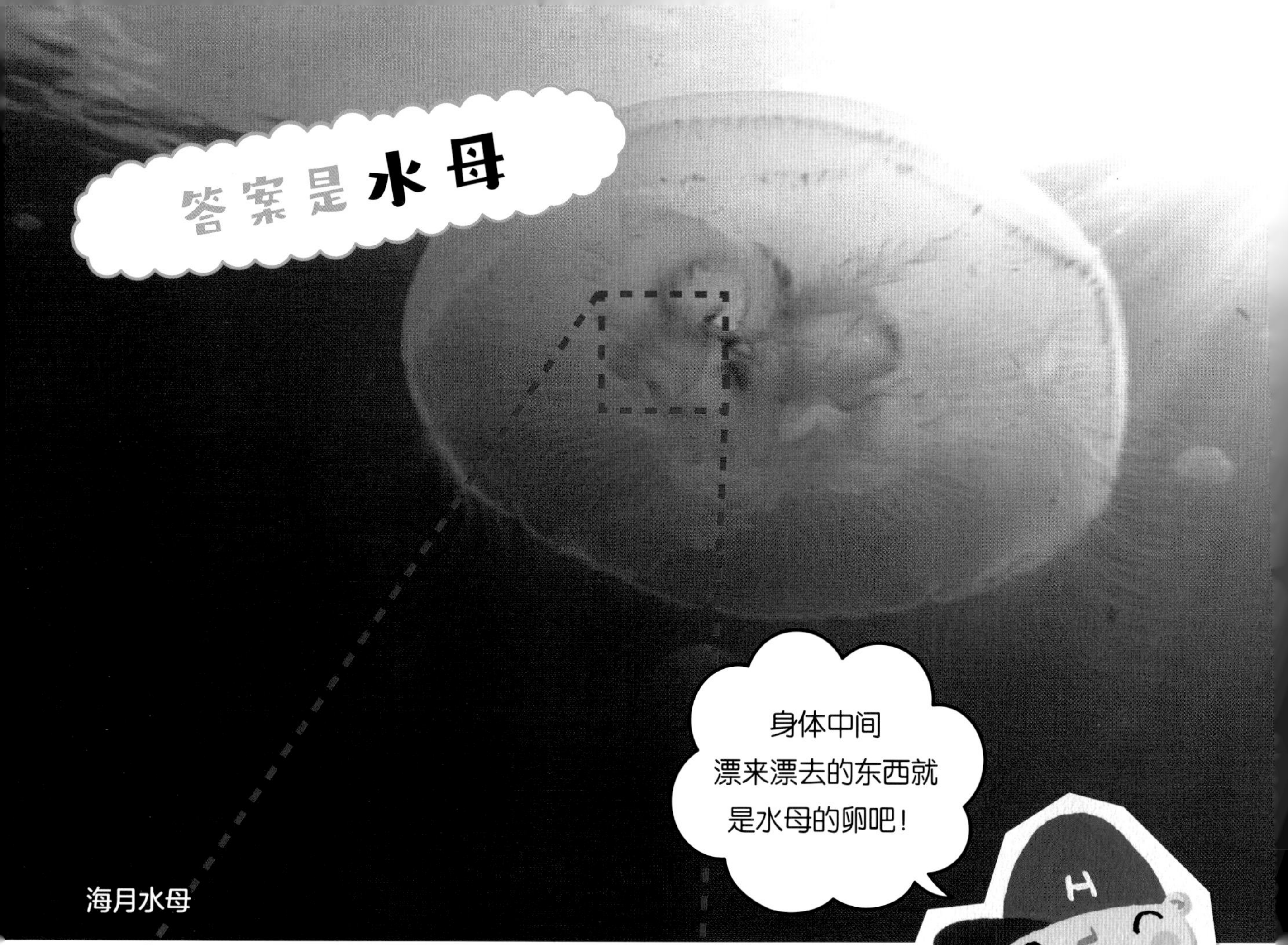

身体中间漂来漂去的东西就是水母的卵吧!

海月水母

放大

卵

水母宝宝

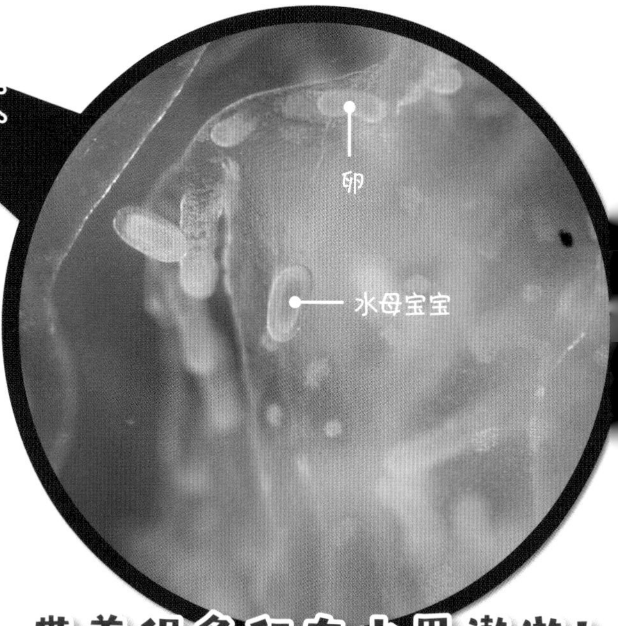

这就是水母的卵

雌水母会将雄水母分泌的精子吸入自己的育儿囊,让精子和卵子在里面结合。之后受精卵会一直在母体里成长、发育,直到长成幼体才会离开。

带着很多卵在水里遨游!

水母是什么样的生物?

看一看它的身体吧

海月水母总是很悠闲地漂荡在水中。接下来,我们将一起看一看海月水母的身体结构。

从上面观察海月水母能看到4个环形结构。

生殖腺
这4个环形结构是生殖腺。雌水母的生殖腺能产生卵子。

嘴
嘴位于伞下侧中心的位置。既是嘴也是肛门。

育儿囊
嘴周围的裙边。雌水母的育儿囊更发达。

触手
海月水母的触手较短,沿着伞的边缘排列。

喂,你还活着吗?

伞
质地透明,手感很像果冻。

雌水母

雄水母

水母宝宝是怎么长大的呢?

⭐ **小资料**

海月水母

大小:15~30厘米

食物:浮游生物或小鱼

观察时期:6~8月能在海水浴场看到

水母广泛地分布在深海和浅海区域,是比较常见的海洋生物。

27

不可思议 大调查！

像卵一样的水母宝宝是怎么长大的呢？
接下来，我们将一起看一看水母的成长过程。

1 离开母体后自行游动

水母宝宝（幼体）又被称为浮浪幼体，它们从水母体内的受精卵里出生。浮浪幼体长到一定程度后，就会离开母体自行游动。

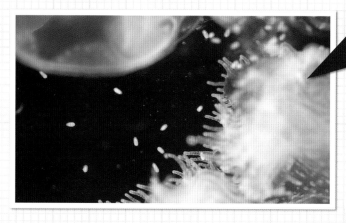

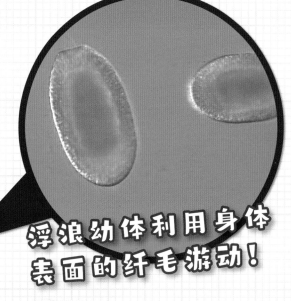

浮浪幼体利用身体表面的纤毛游动！

外形变得像海葵一样！

2 潜到海底变成水螅体

浮浪幼体会用几个小时的时间游到海底，粘在岩石或贝壳上。然后长出 16 根触手，变为水螅体。水螅体的大小只有 1 毫米左右。

1 毫米

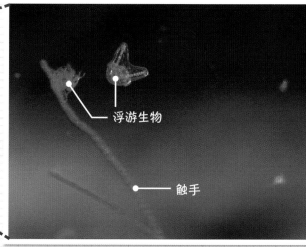

浮游生物

触手

水螅体虽然小，却能伸出长长的触手捕食浮游生物。

3 变成横裂体

秋天水温下降，水螅体会慢慢伸长身体，缩短触手，最后变成横裂体。身体伸长后，好似长出了许多"鳞片"。

4 横裂体继续变形

横裂体的身体会在变为横裂体 4 天后开始伸缩。"鳞片"脱落，成为碟状幼体。

伸长状态

收缩状态

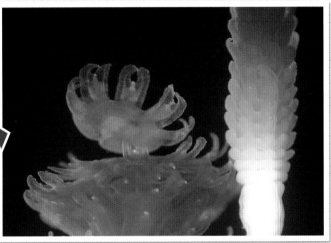

20 小时后，终于脱落下来一个碟状幼体。

5 变成碟状幼体

由横裂体变形而成的碟状幼体大小约为 3 毫米。碟状幼体会一边随着海流漂荡，一边捕食浮游生物。

形状像花瓣一样，真可爱呀！

6 变成水母

经过 1 周左右，碟状幼体会变成大小约为 1 厘米的水母。水母幼体要经过多次变形，才能长为成体。

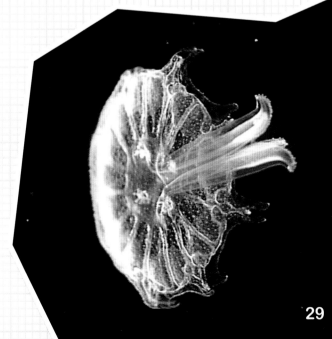

29

大家可以进一步研究水母哦！

 水母为什么会在8月末出现在海岸上？

 所有的水母都有毒吗？

 听说水母不会游泳，这是真的吗？

 水母有腿吗？

大家可以复印书后的发现笔记，将调查结果记录下来！

这是谁的"宝宝"？

它有2只像触角一样的眼睛！

身体像玻璃一样通透。

答案是**龙虾**

雌龙虾会用1~2个月的时间将卵带大。

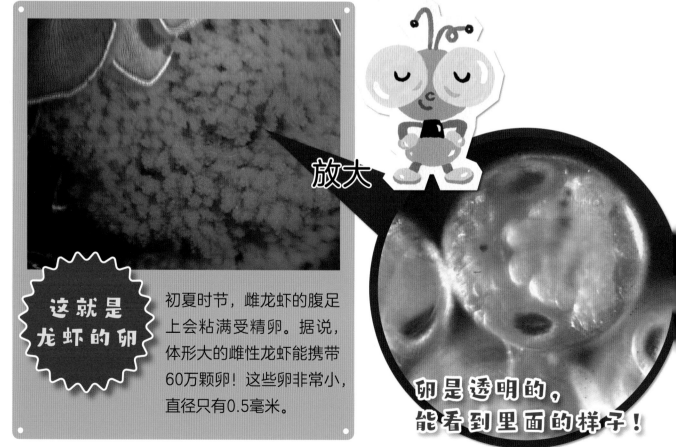

放大

这就是龙虾的卵

初夏时节，雌龙虾的腹足上会粘满受精卵。据说，体形大的雌性龙虾能携带60万颗卵！这些卵非常小，直径只有0.5毫米。

卵是透明的，能看到里面的样子！

龙虾是什么样的生物？

看一看它的身体吧

龙虾是一种被人们熟知的高级食材。它的身体究竟有哪些特殊结构呢？

触角

龙虾有4根触角。又粗又长的那对触角根部长有发音器，龙虾会用它发出声音威慑敌人。

哇，龙虾原来也能发出声音呀！

眼睛

龙虾的眼睛位于头部前方。

带刺的硬壳

腿

龙虾的胸部有10条腿，它们的主要功能是行走。雄龙虾和雌龙虾最靠后的那双腿尖端形状略有不同。

腹部

雌龙虾的腹足更大，用于保护粘在上面的卵。雄龙虾腹部中央非常光滑。

龙虾的整个身体都是红色的。有些地区也有蓝色的龙虾。

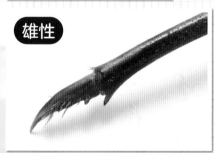

雄性

雌性

雄性

雌性

⭐ 小资料

伊势龙虾

大小：约35厘米

食物：贝类、海胆、小鱼、海藻等。

观察时期：全年

龙虾一般生活在浅海的礁石区。龙虾属于夜行性动物，白天会躲在岩洞里。

龙虾宝宝是怎么长大的呢？

不可思议 大调查！

据说，
叶状幼体大约会
30 次蜕皮。

龙虾宝宝出生在浅海的礁石区，它们会随着海流漂动直到成熟。

龙虾宝宝是如何长大的呢？

1 孵化后离开母体

龙虾卵孵化成龙虾宝宝（幼体）后，就会离开雌龙虾。下图中像烟一样散开的就是龙虾宝宝。龙虾宝宝又被称为叶状幼体。

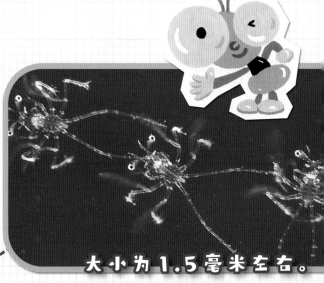

大小为 1.5 毫米左右。

观察叶状幼体的身体

叶状幼体虽然很轻，却能在水中保持平衡。这是为什么呢？

2 在海中漂荡

叶状幼体一边在海中漂荡，一边不断地蜕皮。1年之后，就会长到3厘米左右。叶状幼体通体透明，厚度只有1毫米左右。

放大后的发现

叶状幼体的10条腿上都长着一根羽毛状的毛。这些毛能帮助叶状幼体保持平衡。

放大后的发现

叶状幼体的眼睛已经变得跟成体龙虾很像了。

③ 变成龙虾幼体

过一段时间，叶状幼体就会变成身体具有一定厚度的龙虾幼体。

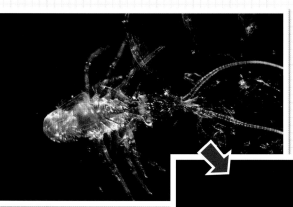

原本像纸一样薄的身体变厚了！

龙虾幼体呈透明状，所以又被称为"玻璃虾"。

④ 暂时停止进食

龙虾幼体阶段会维持一周左右。其间龙虾幼体会暂停进食。之后再经历一次蜕皮，就能变成龙虾成体。

我要好好吃饭才能长大！

大家可以进一步研究龙虾哦!

 叶状幼体吃什么呢?

 龙虾在什么情况下会卷起尾巴?

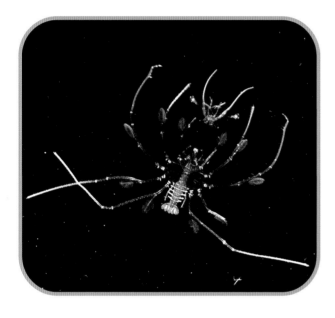

 龙虾真的跟海鳝关系很好吗?

 龙虾能活多少年?

大家可以复印书后的发现笔记,将调查结果记录下来!

这是谁的"宝宝"？

好像是水生动物。

是红色的蚯蚓吧？

37

答案是**摇蚊**

照片中是一群摇蚊

放大

被透明的果冻状物质包裹着!

这就是摇蚊的卵

雌蚊会将卵带产在水面或水面附近的植物上。卵带中大约有600颗卵。

好像青蛙卵!

摇蚊是什么样的昆虫？

看一看它的身体吧

摇蚊聚在一起会形成壮观的"蚊柱"，它的身体有哪些特殊结构呢？

触角

雄蚊触角上的毛像刷子一样浓密。

 小资料

花翅摇蚊

大小：约6毫米

食物：不进食

观察时期：初夏至秋末

摇蚊主要生活在水流缓慢的水道、河川、水池附近，它们会成群结队地聚集起来，形成蚊柱。

翅膀

前翅大，后翅小。摇蚊跟蚊子不同，即使扇动翅膀也不会产生黑色的粉末。

雄蚊

嘴

摇蚊的成虫几乎不摄食，即便有嘴也不吃东西。

雌蚊

明明有嘴却不吃东西？！

什么是蚊柱？

蚊柱是由蚊子这类小昆虫聚集在一起形成的。蚊柱的形成大多跟摇蚊有关，尤其是雄摇蚊。雌摇蚊会飞到蚊柱里跟中意的雄摇蚊交尾。

雄蚊
雄蚊
雄蚊
雄蚊
雌蚊
雄蚊

摇蚊宝宝是怎么长大的呢？

39

不可思议 大调查！

从卵到成虫，摇蚊宝宝要经历哪些变化呢？
接下来，我们将一起看一看摇蚊的成长过程。

1 出生后开始活动

雌摇蚊产下卵带 1~3 天后，摇蚊宝宝就出生了。
刚出生的摇蚊宝宝身体呈透明状。它们会摇晃着
整个身体，在水底活动。

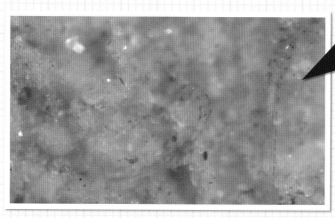

体长只有 1 毫米左右！

因为经常剧烈地摇
晃身体，所以才被
称为摇蚊。

2 变为红虫

摇蚊宝宝经过数次蜕皮后，能长到 1 厘米左右，
体色变为红色。这个阶段的摇蚊宝宝被称为"红
虫"。红虫用头部打洞，在泥里建造管状巢。

**放大后
的发现**

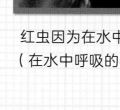

一边摇晃身体，
一边使劲儿往
下钻。

红虫因为在水中生活，其肛门附近长有鳃
（在水中呼吸的器官）。

3 吃泥沙长大

红虫之所以不停地吃水底的泥沙，原因是泥沙里有很多生物残体和微生物，它们能为红虫提供营养。

水里有很多生物残体！

生物残体和微生物会污染水质，而以它们为食的红虫则能净化水质。

放大后的发现

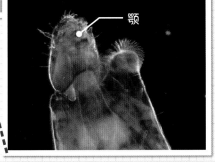

颚

红虫会用大大的颚拼命地吃泥土。

4 变为成虫

经过 4~5 次蜕皮后，红虫就会变成浮在水面上的蛹。破蛹而出的成虫会直接飞到空中。

据说，摇蚊变为成虫后只能活 3~7 天！

蛹的背部裂开，成虫从里面钻了出来。

翅膀张开了！

大家可以进一步研究摇蚊哦!

 摇蚊是蚊子的近亲,还是苍蝇的近亲?

 摇蚊一般都是傍晚或早上出现,那它白天去哪儿了?

红虫为什么是红色的?

 红虫挖洞时为什么会摇晃身体?

🖋 大家可以复印书后的发现笔记,将调查结果记录下来!

自主学习的方法

如果大家想继续学习相关的知识，可以采用下面 4 种方法。除此之外，还可以询问长辈，或是跟小朋友一起研究。

从书本上学习

到学校图书馆或公共图书馆查找相关的书籍或图鉴。如果不知道要查的书放在哪里，可以询问图书馆的工作人员。

从互联网上学习

利用关键词在互联网上进行检索。网上有很多面向儿童的科普网站，会将知识通俗易懂地呈现出来。

观察或做实验

大家还可以到野外观察，或者做一些有趣的实验。不过一定要注意安全，千万不要进入危险场所或进行危险的实验。

询问老师或家长

有些问题可以直接询问老师或家长。如果碰到有关生产的问题，可以到工厂参观，向专业人士请教。

海洋里的微观世界

🔍 广阔的大海中生活着各种各样的动物的宝宝。你能分辨出它们是哪种动物的宝宝吗？让我们逐一认识它们吧！

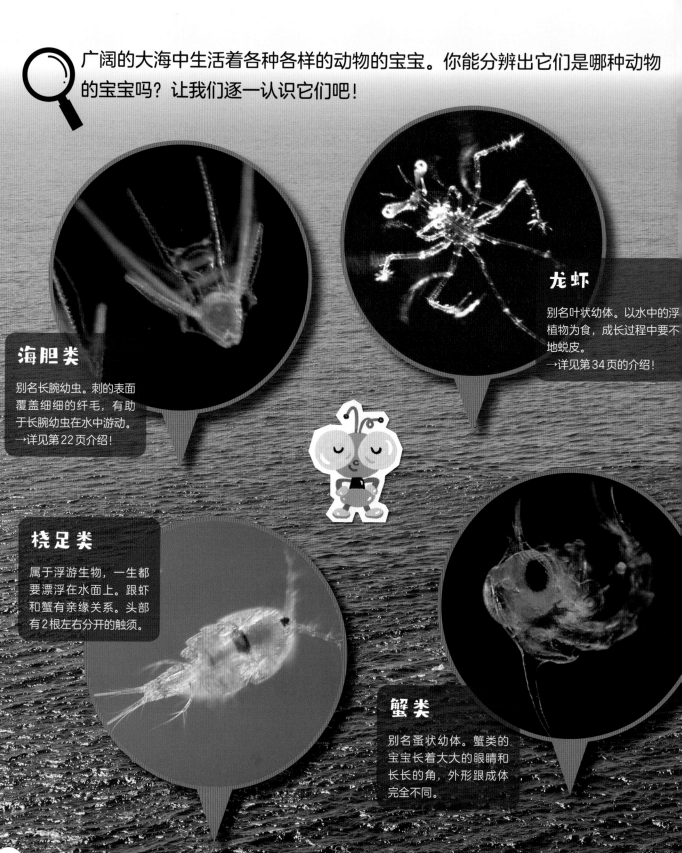

龙虾

别名叶状幼体。以水中的浮植物为食，成长过程中要不地蜕皮。
→详见第34页的介绍！

海胆类

别名长腕幼虫。刺的表面覆盖细细的纤毛，有助于长腕幼虫在水中游动。
→详见第22页介绍！

桡足类

属于浮游生物，一生都要漂浮在水面上。跟虾和蟹有亲缘关系。头部有2根左右分开的触须。

蟹类

别名蚤状幼体。蟹类的宝宝长着大大的眼睛和长长的角，外形跟成体完全不同。

水母类

水母宝宝要经过多次变形，才能长大。
→详见第28页的介绍!

海星类

海星宝宝长得很像章鱼，在水中游动生活。

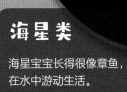

成年海蛞蝓虽然没有壳，却属于螺类。

藤壶长大后会附着在岩石上。

海蛞蝓类

海蛞蝓宝宝背着透明的壳在水中漂荡。

藤壶类

这是在海中游动的藤壶宝宝，它会用6条腿使劲儿划水。

发现笔记的写法

※ 书后的发现笔记仅为样例，最好先复印下来，不要直接往上写哦。

下面给大家讲讲发现笔记的具体写法。

大家可以参考后面的范例，将自己调查的内容填写上去。

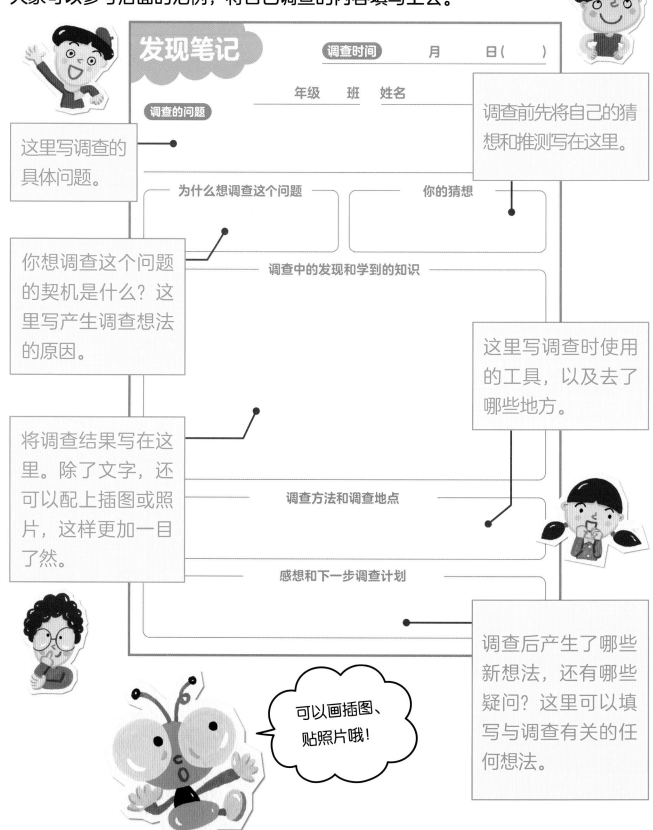

发现笔记

调查时间　　　月　　日（　　）

年级　　班　　姓名

调查的问题

调查前先将自己的猜想和推测写在这里。

这里写调查的具体问题。

为什么想调查这个问题　　　　你的猜想

你想调查这个问题的契机是什么？这里写产生调查想法的原因。

调查中的发现和学到的知识

这里写调查时使用的工具，以及去了哪些地方。

将调查结果写在这里。除了文字，还可以配上插图或照片，这样更加一目了然。

调查方法和调查地点

感想和下一步调查计划

调查后产生了哪些新想法，还有哪些疑问？这里可以填写与调查有关的任何想法。

可以画插图、贴照片哦！

发现笔记

调查时间 6 月 15 日（周一）

3 年级 3 班 姓名 新井悠真

调查的问题

青鳉鱼宝宝肚子上的鼓包是什么？

为什么想调查这个问题
我养的青鳉鱼宝宝肚子上都有鼓包。

你的猜想
为了不沉下去，所以吸了一肚子空气。

调查中的发现和学到的知识

肚子上的鼓包里储存着营养物质。青鳉鱼宝宝出生后3天不进食，它能活下来靠的就是这些营养物质。

鼓包越来越小

调查方法和调查地点
向学校的老师请教，去图书馆查阅资料

感想和下一步调查计划
青鳉鱼宝宝的肚子里没有空气。即使不吃东西也能活，真是太厉害了！

发现笔记

调查时间 9 月 6 日（周日）

3 年级 3 班 姓名 高桥悠人

调查的问题

怎样区分雌蜻蜓和雄蜻蜓？

为什么想调查这个问题
因为看见蜻蜓交尾，所以想区分一下它们。

你的猜想
通过大小来区分。

调查中的发现和学到的知识

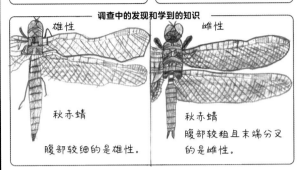
雄性　秋赤蜻　腹部较细的是雄性。
雌性　秋赤蜻　腹部较粗且末端分叉的是雌性。

调查方法和调查地点
捉蜻蜓，然后观察对比。看《昆虫图鉴》

感想和下一步调查计划
仔细观察就能区分出来，很有意思。

看一看其他小朋友写的发现笔记吧

发现笔记

调查时间 7 月 28 日（周二）

3 年级 2 班 姓名 斋藤功

调查的问题

海胆是怎样移动的？

为什么想调查这个问题
暑假在海边捉到了海胆。

你的猜想
翻滚着前进。

调查中的发现和学到的知识

在水族馆观察了很久，才看到海胆稍微动了一下。它是用名为管足的腿慢慢移动的。

从刺里冒出来的就是管足
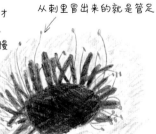

调查方法和调查地点
水族馆、图书馆

感想和下一步调查计划
我还想知道海星和海葵是怎样移动的。

发现笔记

调查时间 8 月 30 日（周日）

4 年级 1 班 姓名 上田优奈

调查的问题

水母为什么会在8月末出现在海岸上？

为什么想调查这个问题
8月在海边发现了很多水母。

你的猜想
因为秋天到了，人类就不去海边洗海水浴了。

调查中的发现和学到的知识

对水母来说，8月末的水温是最适宜的。水母会在这个时节从深水域漂到浅水域。

调查方法和调查地点
网络检索

感想和下一步调查计划
头一次听说水温对水母有这么大的影响。想知道水母冬天会去哪里。

版权登记号：01-2022-5312

图书在版编目（CIP）数据

微观世界放大看：全5册 / 日本NHK《微观世界》制作班编著 ;(日) 长谷川义史绘；王宇佳译. —— 北京：
现代出版社, 2023.3
ISBN 978-7-5143-9977-6

Ⅰ. ①微… Ⅱ. ①日… ②长… ③王… Ⅲ. ①自然科学—少儿读物 Ⅳ. ①N49

中国版本图书馆CIP数据核字（2022）第204784号

微观世界放大看（全5册）

编 著 者　日本NHK《微观世界》制作班
绘　 者　【日】长谷川义史
译　 者　王宇佳
责任编辑　李 昂 滕 明
封面设计　美丽子-miyaco
出版发行　现代出版社
通信地址　北京市安定门外安华里504号
邮政编码　100011
电　 话　010-64267325　64245264（传真）
网　 址　www.1980xd.com
印　 刷　固安兰星球彩色印刷有限公司
开　 本　889mm×1194mm　1/16
印　 张　15.25
字　 数　144千字
版　 次　2023年3月第1版　2023年3月第1次印刷
书　 号　ISBN 978-7-5143-9977-6
定　 价　180. 00元

发现笔记

年级　　　班　　　姓名

调查的问题

为什么想调查这个问题

你的猜想

调查中的发现和学到的知识

调查方法和调查地点

感想和下一步调查计划